小手翻开 大世界

呱呱童书

100种 孩子感兴趣的 神秘恐龙

倚天文化/编

吉林摄影出版社
·长春·

U0344289

目录

āi léi lā lóng
埃雷拉龙

你知道吗?

恐龙生活的年代距离我们已经有几千万甚至几亿年,它们的化石掩埋在厚厚的岩层中,要把这些化石挖出来可能需要花费几个月的时间。

āi léi lā lóng shì sān dié jì zhōng wǎn qī de ròu shí xìng kǒng
埃雷拉龙是三叠纪中晚期的肉食性恐

lóng tǐ cháng yuē mǐ tǐ zhòng yuē qiān kè tā men yōng
龙,体长约5米,体重约180千克。它们拥

yǒu jiān yá lì zhǎo jīng cháng duǒ cáng zài hé biān mào mì de zhí wù
有尖牙利爪,经常躲藏在河边茂密的植物

zhōng děng dài shí jī bǔ shí liè wù
中,等待时机捕食猎物。

shǔ lóng
鼠龙

shǔ lóng shì sān dié jì wǎn qī de zhí shí xìng kǒng lóng yòu nián
鼠龙是三叠纪晚期的植食性恐龙，幼年
shǔ lóng dà xiǎo hé jiā māo chà bu duō chéng nián hòu tǐ cháng yuē
鼠龙大小和家猫差不多，成年后体长约5
mǐ tǐ zhòng yuē qiān kè tā men zuǐ li zhǎngmǎn le yè zhuàng
米，体重约120千克。它们嘴里长满了叶状
de yá chǐ kě yǐ sì zhī zháo dì bēn pǎo
的牙齿，可以四肢着地奔跑。

你知道吗？

幼年鼠龙的脑袋和眼睛较大，嘴部圆润；成年鼠龙的脑袋和眼睛较小，嘴部长而尖。

nán shí zì lóng
南十字龙

你知道吗？

南十字龙的下颌可以前后、左右、上下自如地活动，这能让它们很轻松地吞下食物。

nán shí zì lóng shì sān dié jì wǎn
南十字龙是三叠纪晚
qī de ròu shí xìng kǒng lóng tǐ cháng yuē
期的肉食性恐龙，体长约2
mǐ tǐ zhòng yuē qiān kè tā men
米，体重约30千克。它们
qián zhī duǎn xiǎo hòu zhī xì cháng bēn
前肢短小，后肢细长，奔
pǎo sù dù fēi chángkuài
跑速度非常快。

<ruby>板<rt>bǎn</rt></ruby> <ruby>龙<rt>lóng</rt></ruby>

<ruby>板<rt>bǎn</rt></ruby><ruby>龙<rt>lóng</rt></ruby><ruby>是<rt>shì</rt></ruby><ruby>三<rt>sān</rt></ruby><ruby>叠<rt>dié</rt></ruby><ruby>纪<rt>jì</rt></ruby><ruby>晚<rt>wǎn</rt></ruby><ruby>期<rt>qī</rt></ruby><ruby>的<rt>de</rt></ruby><ruby>植<rt>zhí</rt></ruby><ruby>食<rt>shí</rt></ruby><ruby>性<rt>xìng</rt></ruby><ruby>恐<rt>kǒng</rt></ruby><ruby>龙<rt>lóng</rt></ruby>，<ruby>体<rt>tǐ</rt></ruby><ruby>长<rt>cháng</rt></ruby><ruby>约<rt>yuē</rt></ruby>6~8<ruby>米<rt>mǐ</rt></ruby>，<ruby>体<rt>tǐ</rt></ruby><ruby>重<rt>zhòng</rt></ruby><ruby>约<rt>yuē</rt></ruby>5<ruby>吨<rt>dūn</rt></ruby>，<ruby>是<rt>shì</rt></ruby><ruby>地<rt>dì</rt></ruby><ruby>球<rt>qiú</rt></ruby><ruby>上<rt>shang</rt></ruby><ruby>最<rt>zuì</rt></ruby><ruby>早<rt>zǎo</rt></ruby><ruby>的<rt>de</rt></ruby><ruby>巨<rt>jù</rt></ruby><ruby>型<rt>xíng</rt></ruby><ruby>恐<rt>kǒng</rt></ruby><ruby>龙<rt>lóng</rt></ruby><ruby>之<rt>zhī</rt></ruby><ruby>一<rt>yī</rt></ruby>。<ruby>它<rt>tā</rt></ruby><ruby>们<rt>men</rt></ruby><ruby>一<rt>yī</rt></ruby><ruby>般<rt>bān</rt></ruby><ruby>四<rt>sì</rt></ruby><ruby>肢<rt>zhī</rt></ruby><ruby>着<rt>zháo</rt></ruby><ruby>地<rt>dì</rt></ruby><ruby>行<rt>xíng</rt></ruby><ruby>走<rt>zǒu</rt></ruby>，<ruby>有<rt>yǒu</rt></ruby><ruby>时<rt>shí</rt></ruby><ruby>也<rt>yě</rt></ruby><ruby>会<rt>huì</rt></ruby><ruby>靠<rt>kào</rt></ruby><ruby>后<rt>hòu</rt></ruby><ruby>肢<rt>zhī</rt></ruby><ruby>站<rt>zhàn</rt></ruby><ruby>立<rt>lì</rt></ruby><ruby>采<rt>cǎi</rt></ruby><ruby>食<rt>shí</rt></ruby><ruby>高<rt>gāo</rt></ruby><ruby>处<rt>chù</rt></ruby><ruby>的<rt>de</rt></ruby><ruby>树<rt>shù</rt></ruby><ruby>叶<rt>yè</rt></ruby>。

lǐ ào hā lóng
里奥哈龙

里奥哈龙是三叠纪晚期的植食性恐龙，体长约 10 米，体重约 500~800 千克。它们的颈部和尾巴很长，能四肢着地行走。

你知道吗？

虽然里奥哈龙的身体较重，但它们的脊椎骨是空心的，可以有效减轻身体的重量。

hēi qiū lóng
黑丘龙

黑丘龙生活在三叠纪晚期，以植物为食，体长约 10~12 米，体重约 1.5 吨。它们的头很小，身体庞大，身后拖着一条长尾巴。

槽齿龙
cáo chǐ lóng

你知道吗?

恐龙粪便化石的颜色、形状、大小等信息能间接地反映恐龙的食性和生存环境,具有很高的研究价值。

槽齿龙是三叠纪晚期的植食性恐龙,体长约2米,体重约30千克。它们的牙齿位于齿槽内,因此得名槽齿龙。

腔骨龙
qiāng gǔ lóng

你知道吗?

1947 年，人们在美国新墨西哥州的幽灵牧场发现了大量腔骨龙化石，这是腔骨龙群居生活的有力证据之一。

腔骨龙是三叠纪晚期的肉食性恐龙，长有锋利的牙齿和弯曲的爪子。它们的头骨上有很多大的孔洞，四肢的骨头也是空心的，所以尽管它们体长约 3 米，但体重只有 15~30 千克。

lù fēng lóng shì zhū luó jì zǎo qī de zhí shí xìng kǒng lóng　　tǐ cháng yuē　 mǐ
禄丰龙是侏罗纪早期的植食性恐龙，体长约 6 米，
zhàn lì qǐ lái shēn gāo chāo guò　 mǐ　 tǐ zhòng yuē　　 dūn　 shì míng fù qí shí de
站立起来身高超过 2 米，体重约 2.5 吨，是名副其实的
dà kuài tóu　 kǒng lóng
"大块头"恐龙。

lù　 fēng　 lóng
禄丰龙

你知道吗？

禄丰龙的化石最早被发现于
中国云南省禄丰县，这里有"恐
龙之乡"的称号，当地的恐龙博
物馆中收藏着巨型禄丰龙骨架。

棱背龙
léng bèi lóng

shēng huó zài zhū luó jì zǎo qī de léng bèi lóng shǔ yú zhí shí xìng
生活在侏罗纪早期的棱背龙属于植食性
kǒng lóng　　　　tǐ cháng yuē　　　　mǐ　tǐ zhòng yuē　　　　qiān kè
恐龙，体长约3~4米，体重约400~800千克。
tā men quán shēn fù gài zhe hòu hòu de gǔ bǎn　　lián fù bù yě bù lì
它们全身覆盖着厚厚的骨板，连腹部也不例
wài　zhè xiē gǔ bǎn xiàng kuī jiǎ yī yàng jù yǒu bǎo hù zuò yòng
外，这些骨板像盔甲一样具有保护作用。

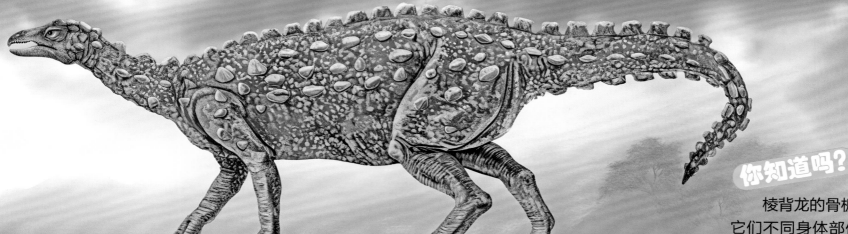

你知道吗？
棱背龙的骨板也叫鳞甲，
它们不同身体部位的鳞甲形
状和大小也各不相同。

你知道吗？
畸齿龙有切齿、颊齿、犬齿
三种形状、功能不同的牙齿，其
中犬齿是雄性畸齿龙独有的。

畸齿龙
jī chǐ lóng

jī chǐ lóng shì zhū luó jì zǎo qī
畸齿龙是侏罗纪早期
de zhí shí xìng kǒng lóng　　tǐ cháng yuē
的植食性恐龙，体长约
mǐ　　tǐ zhòng yuē　　qiān kè
1.2米，体重约2.5千克，
yīn kǒu zhōng zhǎng zhe　zhǒng bù tóng de yá
因口中长着3种不同的牙
chǐ ér dé míng　　tā men cháng cháng yòng
齿而得名。它们常常用
hòu zhī bēn pǎo lái táo bì tiān dí
后肢奔跑来逃避天敌。

bìng hé huái lóng
并合踝龙

你知道吗?

并合踝龙捕猎时像
豺狼一样凶猛,甚至连同
类的幼崽都不放过。

并合踝龙是一种小型肉食性恐龙,
生活在三叠纪晚期到侏罗纪早期,体
长约3米,体重约32千克。它们喜欢
群居生活,常常在夜间成群捕猎。

lái suǒ tuō lóng
莱索托龙

莱索托龙是生活在侏罗纪
早期的小型恐龙,体长约1.2
米,体重只有10千克左右。它
们主要以植物的叶子为食,也
可能吃腐肉和昆虫。

你知道吗?

很多动物都有冬眠的
习性,还有些动物会夏眠。
根据研究发现:莱索托龙
可能有夏眠的习性。

9

dà zhuī lóng
大椎龙

你知道吗?

恐龙蛋和胚胎化石可以反映出恐龙胚胎时期的状态,对研究恐龙的生长、发育具有重要作用。

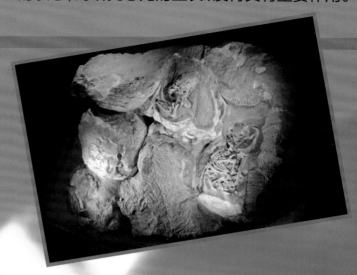

dà zhuī lóng shì lù dì shang jiào zǎo chū xiàn de zhí shí xìng kǒng
大椎龙是陆地上较早出现的植食性恐

lóng zhī yī zhǔ yào shēng huó zài zhū luó jì zǎo qī tā men zhǎng
龙之一,主要生活在侏罗纪早期。它们长

zhe xiǎo nǎo dai cháng bó zi hé cháng wěi ba tǐ cháng yuē mǐ
着小脑袋、长脖子和长尾巴,体长约4米,

shǎo shù kě yǐ dá dào mǐ tǐ zhòng jiē jìn qiān kè
少数可以达到6米,体重接近135千克。

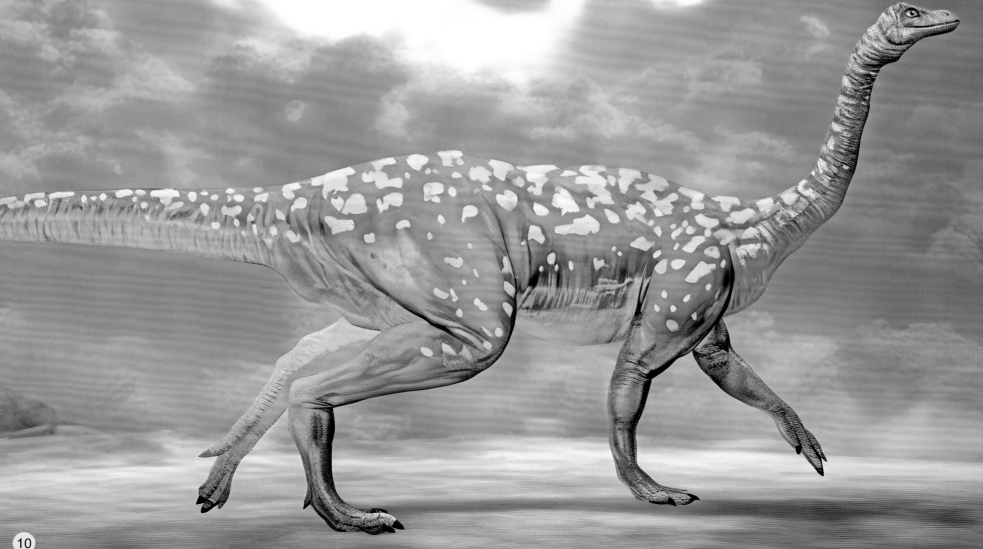

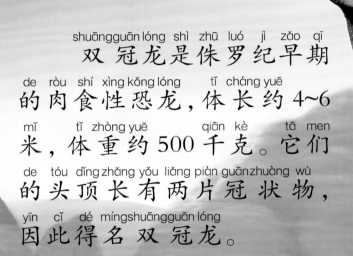

shuāng guān lóng shì zhū luó jì zǎo qī
双 冠 龙 是 侏 罗 纪 早 期
de ròu shí xìng kǒng lóng   tǐ cháng yuē
的 肉 食 性 恐 龙，体 长 约 4~6
mǐ   tǐ zhòng yuē   qiān kè   tā men
米，体 重 约 500 千 克。它 们
de tóu dǐng zhǎng yǒu liǎng piàn guān zhuàng wù
的 头 顶 长 有 两 片 冠 状 物，
yīn cǐ dé míng shuāng guān lóng
因 此 得 名 双 冠 龙。

shuāng guān lóng
双冠龙

你知道吗?

双冠龙的头冠比较脆弱，并不能作为自卫的武器，但可以起到装饰的作用，用来吸引异性。

你知道吗?

近蜥龙前肢长有大爪子,爪子能用来挖掘植物的地下根茎,也能在危急时刻和敌人搏斗。

近蜥龙
jìn xī lóng

近蜥龙生活在侏罗纪早期,
体长约2米,是一种行动敏捷的
植食性恐龙,因外形像蜥蜴而得
名。它们的脑袋呈三角形,脖子
和尾巴都比较长,大部分时间以
四足行走。

盐都龙
yán dū lóng

盐都龙因化石最早被发现于中
国"千年盐都"四川省自贡市而
得名,是侏罗纪中期的杂食性恐
龙,体长约1~3米。它们靠两足行
走,行动十分敏捷。

你知道吗?

盐都龙身形较小,常出没于灌木丛林地带,主要以柔嫩的植物或昆虫为食,也吃一些小动物。

qì lóng
气 龙

你知道吗?

中国四川省自贡市恐龙博物馆收藏的一副气龙骨架全长 4~5 米,据说这种恐龙凶猛得可以吃掉很多植食性恐龙。

qì lóng shēng huó zài zhū luó jì zhōng qī tǐ cháng yuē
气龙生活在侏罗纪中期,体长约 3.5~4

mǐ tǐ zhòng yuē qiān kè shǔ yú zhōngděng tǐ xíng de ròu shí
米,体重约150千克,属于中等体形的肉食

xìng kǒng lóng tā men jīng chángchéng qún chū mò huì xiàng láng qún yī yàng
性恐龙。它们经常成群出没,会像狼群一样

jí tǐ bǔ liè fēng lì de yá chǐ kě yǐ qīngsōng sī suì liè wù
集体捕猎,锋利的牙齿可以轻松撕碎猎物。

蜀　龙

蜀龙的尾部有棒状的尾锤，上面长着 4 根长长的尖刺，可用来防敌。图为蜀龙尾锤化石。

shǔ lóng shēng huó zài zhū luó jì zhōng qī　　huà shí bèi fā xiàn yú zhōng guó sì chuān
蜀龙生活在侏罗纪中期，化石被发现于中国四川

shěng　 yǐ sì chuānshěng de gǔ míng　shǔ　 mìngmíng　　shǔ lóng tǐ xíng zhōngděng　　　 tǐ cháng
省，以四川省的古名"蜀"命名。蜀龙体形中等，体长

yuē　 mǐ　　néng yǐ sì zú huǎn màn xíng zǒu　　tā men de yá chǐ chéng sháozhuàng　 yǐ róu
约 10 米，能以四足缓慢行走。它们的牙齿呈勺状，以柔

nèn duō zhī de zhí wù wéi shí
嫩多汁的植物为食。

鲸龙
jīng lóng

你知道吗?

鲸龙的脊椎骨上有类似鲸类的海绵状孔洞,所以得名鲸龙。

鲸龙生活在侏罗纪中晚期,体长约14~18米,体重约25吨,以植物为食。它们靠四足行走,颈部不灵活,只能在小范围内摆动。

扭椎龙
niǔ zhuī lóng

扭椎龙体长约5~7米,身高约2米。它们有细小的前肢、强壮的后肢和坚实的尾巴,可以靠双足行走,是侏罗纪晚期非常有代表性的肉食性恐龙。

你知道吗?

科学家们推测扭椎龙可能生活在海岸边,以搁浅的动物腐尸为食。

嘉陵龙

jiā líng lóng shì zhū luó jì wǎn qī de zhí shí xìng kǒng lóng
嘉陵龙是侏罗纪晚期的植食性恐龙，

tǐ cháng yuē mǐ tǐ zhòng yuē qiān
体长约4米，体重约150千

kè tā men de bèi bù zhǎng mǎn jiān
克。它们的背部长满尖

ruì de gǔ bǎn kě yǐ yòng
锐的骨板，可以用

lái fáng yù dí rén
来防御敌人。

沱江龙

tuó jiāng lóng shì zhū luó jì wǎn qī de zhí shí xìng kǒng lóng
沱江龙是侏罗纪晚期的植食性恐龙，

tǐ cháng yuē mǐ tǐ zhòng yuē dūn yīn huà shí bèi fā xiàn
体长约7米，体重约4吨，因化石被发现

yú zhōng guó sì chuān shěng zhōng bù de tuó jiāng liú yù ér dé míng
于中国四川省中部的沱江流域而得名。

tā men de bèi bù gāo gāo gǒng qǐ wěi ba tuō zài dì
它们的背部高高拱起，尾巴拖在地

shang kàn shàng qù xiàng yī zuò gǒng qiáo
上，看上去像一座拱桥。

你知道吗？

沱江龙从颈部到背部都长着骨板，骨板可以吸取阳光的热量。

yǒng chuān lóng
永川龙

你知道吗？

和平永川龙是永川龙的一种，和沱江龙同为四川"老乡"。图为和平永川龙捕猎沱江龙的骨架。

永川龙是侏罗纪中晚期的大型肉食性恐龙，体长约 7~10 米，体重约 3.4 吨。它们头上长有孔洞，嘴里长满了锋利的巨齿，脾气异常暴躁。

17

马门溪龙
mǎ mén xī lóng

侏罗纪晚期，亚洲地区生活着许多长脖子的植食性恐龙，其中马门溪龙最具代表性。它们身躯庞大，体长在 20~30 米左右，脖子接近体长的一半，体重最大超过60吨。

你知道吗？

马门溪龙的长脖子由重叠的颈椎骨支撑，十分僵硬，只能慢慢地转动。

chā lóng
叉龙

chā lóng tǐ cháng yuē mǐ tǐ zhòng yuē dūn shì zhū luó jì zhōng wǎn qī de zhí shí xìng kǒng lóng
叉龙体长约12米，体重约7吨，是侏罗纪中晚期的植食性恐龙。
tā men méi yǒu jiān yá lì zhǎo bèi bù chā zi xíng zhuàng de lóng jǐ shì fáng yù dí rén de zhǔ yào wǔ qì
它们没有尖牙利爪，背部叉子形状的隆脊是防御敌人的主要武器。

你知道吗？

叉龙背部的隆脊还可能有调
节体温和识别同类的作用。

wān lóng
弯龙

wān lóng shēng huó zài zhū luó jì wǎn qī yǐ zhí wù wéi shí
弯龙生活在侏罗纪晚期，以植物为食，
tǐ cháng yuē mǐ tǐ zhòng yuē dūn yóu yú shēn tǐ bǐ jiào
体长约5~7米，体重约1吨。由于身体比较
bèn zhòng suǒ yǐ tā men dà bù fen shí jiān yǐ sì zú xíng zǒu
笨重，所以它们大部分时间以四足行走。

你知道吗？

弯龙的背部向上拱起，
头部离地面很近，所以它们
只能吃一些低矮的植物。

<ruby>剑<rt>jiàn</rt></ruby> <ruby>龙<rt>lóng</rt></ruby>

<ruby>剑<rt>jiàn</rt></ruby><ruby>龙<rt>lóng</rt></ruby><ruby>生<rt>shēng</rt></ruby><ruby>活<rt>huó</rt></ruby><ruby>在<rt>zài</rt></ruby><ruby>侏<rt>zhū</rt></ruby><ruby>罗<rt>luó</rt></ruby><ruby>纪<rt>jì</rt></ruby><ruby>晚<rt>wǎn</rt></ruby><ruby>期<rt>qī</rt></ruby><ruby>到<rt>dào</rt></ruby><ruby>白<rt>bái</rt></ruby><ruby>垩<rt>è</rt></ruby><ruby>纪<rt>jì</rt></ruby><ruby>早<rt>zǎo</rt></ruby><ruby>期<rt>qī</rt></ruby>，<ruby>以<rt>yǐ</rt></ruby><ruby>植<rt>zhí</rt></ruby><ruby>物<rt>wù</rt></ruby><ruby>为<rt>wéi</rt></ruby><ruby>食<rt>shí</rt></ruby>，<ruby>体<rt>tǐ</rt></ruby><ruby>长<rt>cháng</rt></ruby><ruby>约<rt>yuē</rt></ruby>9<ruby>米<rt>mǐ</rt></ruby>，<ruby>体<rt>tǐ</rt></ruby><ruby>重<rt>zhòng</rt></ruby><ruby>约<rt>yuē</rt></ruby>4<ruby>吨<rt>dūn</rt></ruby>。<ruby>它<rt>tā</rt></ruby><ruby>们<rt>men</rt></ruby><ruby>的<rt>de</rt></ruby><ruby>头<rt>tóu</rt></ruby><ruby>很<rt>hěn</rt></ruby><ruby>小<rt>xiǎo</rt></ruby>，<ruby>有<rt>yǒu</rt></ruby><ruby>像<rt>xiàng</rt></ruby><ruby>鸟<rt>niǎo</rt></ruby><ruby>一<rt>yī</rt></ruby><ruby>样<rt>yàng</rt></ruby><ruby>的<rt>de</rt></ruby><ruby>尖<rt>jiān</rt></ruby><ruby>喙<rt>huì</rt></ruby>，<ruby>背<rt>bèi</rt></ruby><ruby>部<rt>bù</rt></ruby><ruby>布<rt>bù</rt></ruby><ruby>满<rt>mǎn</rt></ruby><ruby>尖<rt>jiān</rt></ruby><ruby>刀<rt>dāo</rt></ruby><ruby>一<rt>yī</rt></ruby><ruby>样<rt>yàng</rt></ruby><ruby>的<rt>de</rt></ruby><ruby>骨<rt>gǔ</rt></ruby><ruby>板<rt>bǎn</rt></ruby>，<ruby>尾<rt>wěi</rt></ruby><ruby>巴<rt>ba</rt></ruby><ruby>上<rt>shang</rt></ruby><ruby>长<rt>zhǎng</rt></ruby><ruby>有<rt>yǒu</rt></ruby><ruby>两<rt>liǎng</rt></ruby><ruby>对<rt>duì</rt></ruby><ruby>儿<rt>er</rt></ruby><ruby>长<rt>cháng</rt></ruby><ruby>长<rt>cháng</rt></ruby><ruby>的<rt>de</rt></ruby><ruby>尖<rt>jiān</rt></ruby><ruby>刺<rt>cì</rt></ruby>。

你知道吗?

剑龙的脑袋只有 40 厘米左右，看起来和它们庞大的身体很不协调。

jiǎo bí lóng shì zhū luó jì wǎn qī de ròu shí xìng kǒng lóng   tǐ cháng yuē   mǐ
角鼻龙是侏罗纪晚期的肉食性恐龙，体长约5~7米，
tǐ zhòng yuē   qiān kè   tā men qián zhī duǎn xiǎo   hòu zhī hé wěi ba jiào cháng
体重约700~1500千克。它们前肢短小，后肢和尾巴较长，
bí zi shàngfāng yǒu yī gè duǎn jiǎo   yīn cǐ dé míng jiǎo bí lóng
鼻子上方有一个短角，因此得名角鼻龙。

jiǎo   bí   lóng
角鼻龙

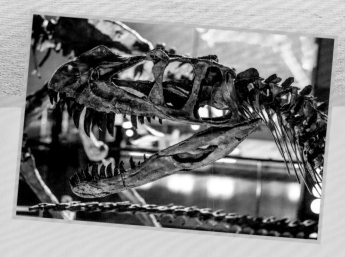

你知道吗?

角鼻龙从脖子沿着背部
一直到尾巴上都长有骨质的
甲片，这是它们区别于其他
兽脚类恐龙的独特之处。

wàn lóng shì zhū luó jì wǎn qī zhù míng de cháng bó zi zhí shí
腕龙是侏罗纪晚期著名的长脖子植食

xìng kǒng lóng jīng cháng chéng qún jié duì de huó dòng tā men shēn
性恐龙，经常成群结队地活动。它们身

qū páng dà tǐ cháng yuē mǐ bó zi yuē mǐ
躯庞大，体长约23~26米，脖子约6米，

shēn gāo yuē mǐ tǐ zhòng zài dūn zuǒ yòu
身高约12~16米，体重在30吨左右。

你知道吗?

腕龙的鼻子长在头顶上，鼻孔的位置很高，遇到危险时可以潜入水中露出鼻孔呼吸。

wàn
腕

lóng
龙

梁 lóng 龙
liáng

你知道吗?

梁龙长长的尾巴不仅能够用来打击敌人，还能作为支撑身体的工具，帮助它们吃到高处的树叶。

侏罗纪晚期的梁龙是一种植食性恐龙，体长约30米，脖子约7米，尾巴约13米，是尾巴最长的恐龙之一。但因为它们的躯干较短，所以体重相对较轻，约10吨左右。

23

迷惑龙

迷惑龙与梁龙是近亲，生活在侏罗纪晚期，体长约23~26米，体重在20吨左右。它们的脖子异常粗大，不能大幅度地弯曲或抬升。

你知道吗？

迷惑龙的牙齿比较稀疏，无法咬碎坚韧的植物，所以它们会吞下一些小石子来帮助消化。

重龙

重龙也是梁龙的近亲，体长约 25~28 米，以植物为食，生活在侏罗纪晚期。它们不仅有着长长的脖子，还长着一条长尾巴用来保持身体的平衡。

你知道吗？

重龙支撑脖子的骨头是空心的，重量很轻，所以它们能抬起头吃一些长在高处的植物。

zhū luó jì wǎn qī de běi měi dà lù shì yì tè lóng de tiān
侏罗纪晚期的北美大陆是异特龙的天
xià yì tè lóng tǐ cháng yuē mǐ zuì cháng kě dá mǐ
下。异特龙体长约 9 米，最长可达 12 米，
tǐ zhòng yī bān zài dūn zuì zhòng kě dá dūn tā
体重一般在 1.5~2 吨，最重可达 3.6 吨。它
men de tóu lú jù dà tóu shang zhǎng le liǎng gè jiǎo guān jù chǐ
们的头颅巨大，头上长了两个角冠，锯齿
zhuàng de yá chǐ xiàng hòu wān qū shí fēn fēng lì
状的牙齿向后弯曲，十分锋利。

yì tè lóng
异特龙

你知道吗？

异特龙会捕食各种植食性恐龙，是当时的顶级掠食者之一。图为博物馆里异特龙追捕剑龙的骨架。

圆顶龙

yuán dǐng lóng

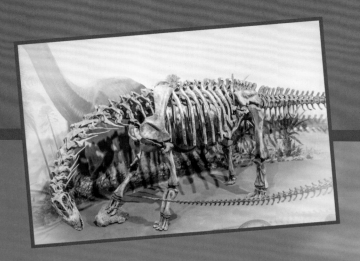

你知道吗？

圆顶龙的头颅骨短而高，呈拱形，这也是它们得名的原因。

圆顶龙是侏罗纪晚期的植食性恐龙。成年圆顶龙体长可达20米，体重可达30吨。与梁龙、马门溪龙等恐龙相比，它们的脖子和尾巴更短，体形更粗壮。

嗜鸟龙
shì niǎo lóng

你知道吗？

嗜鸟龙的嘴巴呈尖锐的鸟喙状，上下牙齿的咬合力比较大。

嗜鸟龙是生活在侏罗纪晚期的肉食性恐龙，体长约2米，体重约15~35千克。它们前肢的小指向内弯曲，可以紧紧抓住猎物，防止猎物逃脱。

美颌龙
měi hé lóng

你知道吗？

美颌龙的骨头是空心的，后肢细长，脖子十分灵活，擅长奔跑、跳跃和爬树。

侏罗纪晚期不仅出现了很多大型肉食性恐龙，还活跃着很多体形极小的肉食性恐龙，比如美颌龙。美颌龙体长约1米，体重约2.5千克，喜欢捕食小型蜥蜴。

始祖鸟

你知道吗？

从始祖鸟的化石中可以看出它的背、腿和脖子底部都有羽毛存在的痕迹，这些羽毛的构造和现在的鸟类很接近。

始祖鸟生活在侏罗纪晚期，以鱼类和昆虫为食，体长约30~50厘米，体重最大不超过1千克。虽然身上长有羽毛，但它们的飞翔能力不高，反而更擅长奔跑。

xū gǔ lóng
虚骨龙

xū gǔ lóng shēng huó
虚骨龙生活
zài zhū luó jì wǎn qī tǐ
在侏罗纪晚期，体
cháng yuē mǐ tǐ zhòng
长约2.4米，体重
zuì dà zhǐ yǒu qiān kè
最大只有20千克。
tā men yǐ kūn chóng hé xiǎo xíng bǔ rǔ
它们以昆虫和小型哺乳
dòng wù wéi shí bēn pǎo sù dù hèn kuài
动物为食，奔跑速度很快。

你知道吗?

有观点认为，现在的鸟类可能起源于远古时期的虚骨龙类。

你知道吗?

木他龙前肢中间的3个指爪是连在一起的，呈蹄子状，拇指呈钉子状，长度可达15厘米。

mù tā lóng
木他龙

mù tā lóng shì bái è jì zǎo qī de dà xíng zhí shí xìng kǒng
木他龙是白垩纪早期的大型植食性恐
lóng tǐ cháng kě dá mǐ tǐ zhòng kě dá dūn kě
龙，体长可达10米，体重可达28吨，可
yǐ sì zú xíng zǒu yòng hòu zhī zhī chēng shēn tǐ zhàn lì
以四足行走，用后肢支撑身体站立。
tā men shí liàng jīng rén yī tiān néng chī diào yuē
它们食量惊人，一天能吃掉约
qiān kè de zhí wù
500千克的植物。

xiǎo dào lóng shì bái è jì zǎo qī
小盗龙是白垩纪早期
de ròu shí xìng kǒng lóng tǐ cháng yuē
的肉食性恐龙，体长约
mǐ tǐ zhòng yuē qiān kè
0.4~1米，体重约1千克。
xiǎo dào lóng suī rán tǐ xíng xiǎo dàn yá
小盗龙虽然体形小，但牙
chǐ hé zhuǎ zi fēi cháng fēng lì xiōng měng
齿和爪子非常锋利，凶猛
chéng dù sī háo bù bǐ dà xíng ròu shí xìng
程度丝毫不比大型肉食性
kǒng lóng chà
恐龙差。

你知道吗？

小盗龙全身都长有羽毛，可以像鸟一样栖息在树上，但只能滑翔或进行短距离的飞行。

xiǎo dào lóng
小盗龙

鱼猎龙
yú liè lóng

鱼猎龙生活在白垩纪早期，体长约10米，体重约3吨。它们的背帆由神经棘支撑，其中前半段生长在背部，比较高大；后半段位于臀部附近，比较矮小。

似鹈鹕龙
sì tí hú lóng

似鹈鹕龙是白垩纪早期的杂食性恐龙，因喉咙下长着类似鹈鹕的喉囊而得名。它们头上有一个向后伸出的小头冠，嘴里长有约220颗细小的牙齿，是似鸟类恐龙中牙齿数量最多的。

háo yǒng lóng
豪勇龙

háo yǒng lóng shì bái è jì zǎo qī de zhí shí
豪勇龙是白垩纪早期的植食
xìng kǒng lóng　　 tǐ cháng yuē　　 mǐ　　 tǐ zhòng yuē
性恐龙，体长约 7 米，体重约 4
dūn　　 tā men de bèi bù zhì wěi ba yǒu tū qǐ de
吨。它们的背部至尾巴有突起的
lóng ròu　　 néng yòng lái chǔ cáng zhī fáng huò shuǐ　　 yě
隆肉，能用来储藏脂肪或水，也
ràng tā men kàn qǐ lái gèng jiā qiáng zhuàng
让它们看起来更加强 壮。

qín　　　　 lóng
禽　　龙

qín lóng shēng huó zài bái è jì zǎo qī　　　 tǐ cháng yuē　　　　 mǐ
禽龙生活在白垩纪早期，体长约 9~10 米，
tǐ zhòng yuē　　 dūn　　 tā men de sì zhī fēi cháng cū zhuàng qián zhī lüè duǎn
体重约 7 吨。它们的四肢非常粗壮，前肢略短，
dàn néng jiē chù dì miàn xíng zǒu　　 kuān dà de huì hé jù chǐ zhuàng de
但能接触地面行走。宽大的喙和锯齿状的
yá chǐ zé shì tā men jìn shí de hǎo gōng jù　　 fāng biàn sī
牙齿则是它们进食的好工具，方便撕
chě hé qiē suì shù yè
扯和切碎树叶。

你知道吗？

禽龙的前肢有 5 指，拇指上像钉子
一样的尖爪是它们主要的防身武器。

kǒng zhuǎ lóng
恐爪龙

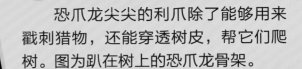

你知道吗?

恐爪龙尖尖的利爪除了能够用来戳刺猎物,还能穿透树皮,帮它们爬树。图为趴在树上的恐爪龙骨架。

kǒng zhuǎ lóng shì bái è jì zǎo qī de ròu
恐爪龙是白垩纪早期的肉
shí xìng kǒng lóng　 tǐ cháng yuē　 mǐ　 tǐ zhòng
食性恐龙,体长约3.5米,体重
yuē qiān kè　 tā men de hòu zhī zhǎng yǒu yuē
约70千克。它们的后肢长有约
lí mǐ cháng de lián dāo zhuǎ qián zhī yě yǒu
12厘米长的镰刀爪,前肢也有
lì zhǎo néng yòng lái chuō cì liè wù
利爪,能用来戳刺猎物。

33

鹦鹉嘴龙
yīng wǔ zuǐ lóng

你知道吗?

鹦鹉嘴龙体态匀称，头部较宽，占整个身体的比例较大。

鹦鹉嘴龙生活在白垩纪早期，体
yīng wǔ zuǐ lóng shēng huó zài bái è jì zǎo qī tǐ

长约1~2米，体重约10~20千克，属于
cháng yuē mǐ tǐ zhòng yuē qiān kè shǔ yú

小型植食性恐龙，因为长有类似鹦鹉
xiǎo xíng zhí shí xìng kǒng lóng yīn wèi zhǎng yǒu lèi sì yīng wǔ

的喙状嘴而得名。
de huì zhuàng zuǐ ér dé míng

zhòng zhuǎ lóng
重爪龙

重爪龙体长约 10 米，体重约 1.5~2 吨，是白垩纪早期的肉食性恐龙。它们的头部和嘴巴与鳄鱼相似，嘴里长满细齿，以捕食鱼类为生。

你知道吗？

重爪龙的前肢强壮有力，拇指的钩爪长达 30 厘米。

léi lì nuò lóng
雷利诺龙

雷利诺龙是白垩纪早期的小型植食性恐龙，体长不足 1 米，体重约 10 千克。它们生活在南极圈附近，需要长期忍受严寒和黑暗，生存能力很强。

你知道吗？

为了更好地适应环境，雷利诺龙进化出了非常大的眼窝和后脑突起。它们的视觉区域很广，具有很好的夜视力。

léng chǐ lóng
棱齿龙

棱齿龙是白垩纪早期的小型植食性恐龙，因有棱状的牙齿而得名。它们的体长约2米，体重约50~70千克，身高只到成年人类的腰部。

你知道吗?

棱齿龙虽然长得小，但身体轻盈，奔跑速度快，是恐龙家族中的"飞毛腿"。

xīng yá lóng
星牙龙

星牙龙生活在白垩纪早期，属于大型植食性恐龙，是腕龙的近亲。成年星牙龙体长约15.2~18.3米，长长的脖子可以抬起来，抬起时身高相当于3层楼的高度。

wěi yǔ lóng
尾羽龙

尾羽龙是白垩纪早期的植食性恐龙，体长约1米，体重约5千克。它们的样子和鸟类相像，头短、嘴尖，眼睛又大又圆，前肢和尾巴上都长有华丽的羽毛。

你知道吗？

尾羽龙后肢细长，强壮有力。从尾羽龙的化石中可以看到，它的后肢腿骨非常结实。

棘甲龙
jí jiǎ lóng

白垩纪早期的棘甲龙属于四足植食性恐龙，体长约3~6米，体重约380千克，因身上覆盖着棘刺和由椭圆形甲片组成的鳞甲而得名。

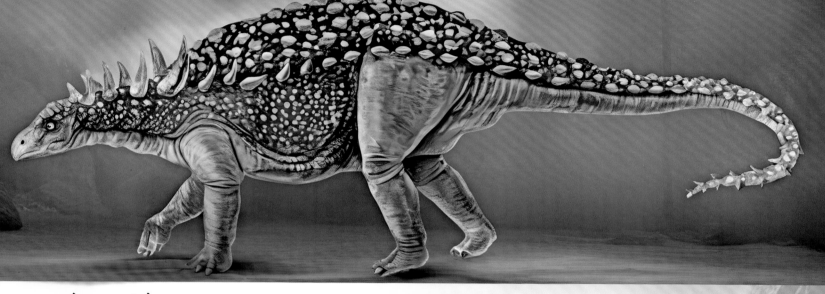

敏迷龙
mǐn mí lóng

敏迷龙生活在白垩纪早期，体长约2米，体重约2吨，主要以蕨类植物为食。它们身上披着甲板，身体后部长有骨刺，前肢和后肢几乎一样长，能四足着地行走。

你知道吗?

敏迷龙虽然有盔甲护身，却从不正面迎敌，往往会选择消极躲避。

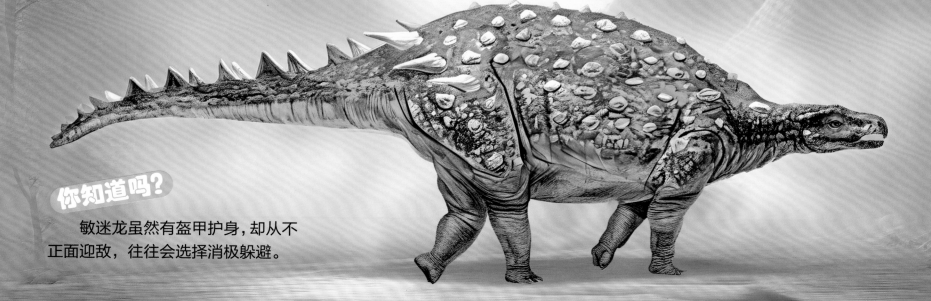

jí lóng shēng huó zài bái è jì zǎo qī　　　 tǐ cháng yuē　　　　mǐ　 tǐ zhòng kě dá
棘龙生活在白垩纪早期，体长约12~20米，体重可达
dūn　　shì mù qián yǐ zhī zuì dà de ròu shí xìng kǒng lóng　　 tā men de tóu bù yǔ è yú
26吨，是目前已知最大的肉食性恐龙。它们的头部与鳄鱼
xiāng sì　 zuǐ ba yòu zhǎi yòu cháng　 bèi bù yǒu fān zhuàng jí　　 gāo dù kě dá　　 mǐ
相似，嘴巴又窄又长，背部有帆状棘，高度可达1.8米。

jí
棘

lóng
龙

棘龙属于水陆两栖的
肉食性恐龙，既能捕杀陆
地动物，也能下海捕鱼。

39

ā gēn tíng lóng
阿根廷龙

你知道吗？

阿根廷龙生活在南美洲，当时那里的气候温暖潮湿，很适合蕨类植物生长。因为有了丰富的食物来源，所以它们的体形才如此巨大。

ā gēn tíng lóng shì bái è jì zhōng qī de zhí shí xìng kǒng lóng tǐ
阿根廷龙是白垩纪中期的植食性恐龙，体

cháng yuē mǐ jù dà de shēn tǐ shǐ tā men zhǐ néng yǐ sì zhī
长约 30~40 米，巨大的身体使它们只能以四肢

zháo dì de fāng shì huǎn màn xíng zǒu rú guǒ yù dào ròu shí xìng kǒng lóng de
着地的方式缓慢行走。如果遇到肉食性恐龙的

gōng jī tā men jiù huì yòng cū dà de sì zhī jiāng dí rén cǎi biǎn huò
攻击，它们就会用粗大的四肢将敌人踩扁，或

yòng cháng cháng de wěi ba hěn hěn de chōu dǎ dí rén
用长长的尾巴狠狠地抽打敌人。

40

líng dào lóng shēng huó zài bái è jì wǎn qī tǐ cháng
伶盗龙生活在白垩纪晚期，体长
yuē mǐ tǐ zhòng yuē qiān kè tā men shì ròu shí
约2米，体重约15千克。它们是肉食
xìng kǒng lóng zhōng de gāo jí liè shǒu shàncháng tū xí hé wéi
性恐龙中的高级猎手，擅长突袭和围
liè néng zài duǎn shí jiān nèi kuài sù jié huò liè wù
猎，能在短时间内快速截获猎物。

líng dào lóng
伶盗龙

伶盗龙后足的第二趾长有锋利的镰刀爪，在围攻原角龙时，爪子可以轻易嵌入原角龙的喉咙。

41

似金翅鸟龙
sì jīn chì niǎo lóng

似金翅鸟龙是白垩纪晚期的杂食性恐龙，主要以昆虫、蜥蜴等小型动物为食，体长约 3.5~4 米，体重约 85 千克。它们的外形与鸵鸟相似，但后肢短而粗壮，只能慢吞吞地行走。

似鸡龙
sì jī lóng

似鸡龙是白垩纪晚期的杂食性恐龙，体长约 4~6 米，体重约 440 千克。虽然叫作似鸡龙，但它们没有羽毛和翅膀，嘴巴与鸭子的喙相似，没有牙齿，主要以植物和小昆虫为食。

你知道吗?

似鸡龙前肢长有 3 根弯曲而锋利的指爪，但并不能撕开肉类或攻击敌人，只能用来挖掘泥土中埋藏的食物。

qiè dàn lóng
窃蛋龙

窃蛋龙是白垩纪晚期的杂食性恐龙，体长约2米，体重约25~40千克。它们的外形像一只巨大的火鸡，长有弯曲的爪子和尖锐的喙状嘴，长长的尾巴可以保持身体平衡，帮助它们快速奔跑。

píng tóu lóng
平头龙

平头龙是白垩纪晚期的植食性恐龙，体长约3米，因头部扁平、上面长有厚厚的头盖骨而得名。在繁殖季节，雄性平头龙常常会用互相顶撞头部的方式一决胜负。

shān dōng lóng
山东龙

山东龙生活在白垩纪晚期，体长约12~16米，体重约6~7吨。它们的嘴巴有些像鸭嘴，前端没有门齿，但两颊处长有很多白齿，能用来咀嚼植物的茎叶。

你知道吗？

门齿位于上下颌的中间位置，可以撕咬和切断食物；臼齿位于上下颌两侧，可以磨碎和咀嚼食物。

霸王龙
bà wáng lóng

你知道吗?

鸟类会自己筑巢孵蛋,但霸王龙没有孵蛋的习性,而是会把蛋产在沙坑里,让它们自然孵化。

bà wáng lóng shì bái è jì wǎn qī de lù shàng bà zhǔ
霸王龙是白垩纪晚期的陆上霸主,
tǐ cháng yuē mǐ tǐ zhòng yuē dūn tā men de nǎo
体长约12米,体重约9吨。它们的脑
dai hěn dà xuè pén dà kǒu li zhǎng mǎn yòu dà yòu mì de yá
袋很大,血盆大口里长满又大又密的牙
chǐ xiōng měng chéng dù yuǎn yuǎn chāo guò dì qiú shang de qí tā
齿,凶猛程度远远超过地球上的其他
lù shēng ròu shí xìng dòng wù
陆生肉食性动物。

45

特暴龙
tè bào lóng

你知道吗?

特暴龙的双眼视觉叠加的范围不如霸王龙大，但可以依靠灵敏的听觉和嗅觉迅速追踪猎物。

白垩纪晚期，特暴龙称霸亚洲大陆。特暴龙体长约12米，体重约3~5吨，和霸王龙相比，它们的头部和前肢都更小一些。

46

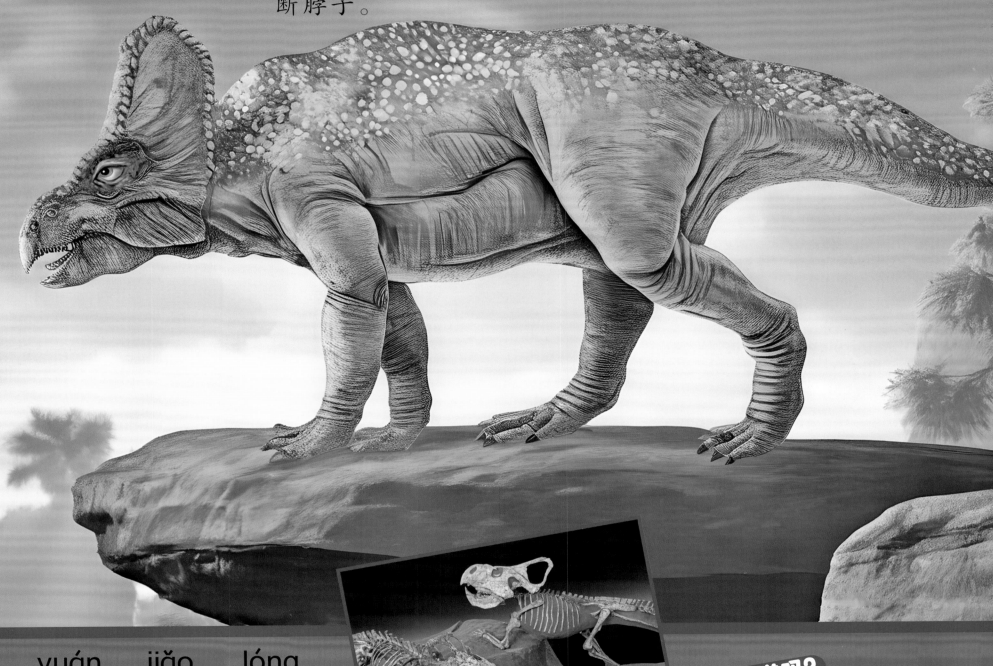

yuán jiǎo lóng shì bái è jì wǎn qī de xiǎo xíng zhí shí xìng kǒng lóng tǐ cháng yuē
原角龙是白垩纪晚期的小型植食性恐龙，体长约
mǐ tā men de bí gǔ shàngfāng yǒu yī gè xiǎo tū qǐ tóu bù hòu fāngzhǎng yǒu
2米。它们的鼻骨上方有一个小突起，头部后方长有
dà xíng jǐng dùn jì néngyòng lái xià hu dí rén yě kě yǐ bì miǎn bèi dí rén yǎo
大型颈盾，既能用来吓唬敌人，也可以避免被敌人咬
duàn bó zi
断脖子。

yuán jiǎo lóng
原角龙

你知道吗？

原角龙是群居生活的，幼
崽从出生开始会一直由父母照
顾，直到它们能独立生活为止。

sān jiǎo lóng shì bái è jì wǎn qī de zhí shí xìng kǒng lóng　　tǐ cháng yuē　　　　mǐ
三角龙是白垩纪晚期的植食性恐龙，体长约7~9米，

tǐ zhòng yuē　　　　dūn　　tā men de tóu shang yǒu sān zhī jiǎo　　nǎo dai hòu miànzhǎng yǒu jù
体重约5~10吨。它们的头上有三只角，脑袋后面长有巨

dà ér chénzhòng de jǐng dùn　　kàn qǐ lái jiù xiàng shì fàng dà bǎn de xī niú
大而沉重的颈盾，看起来就像是放大版的犀牛。

sān jiǎo lóng
三角龙

你知道吗？

三角龙和霸王龙生活在同一时期，是霸王龙的主要捕猎对象。图为霸王龙与三角龙打斗的骨架。

开角龙
kāi jiǎo lóng

kāi jiǎo lóng fán shèng yú bái è jì wǎn qī
开角龙繁盛于白垩纪晚期，
tǐ cháng yuē mǐ tǐ zhòng yuē dūn
体长约 5 米，体重约 3.6 吨，
shǔ yú zhí shí xìng kǒng lóng tā men wài
属于植食性恐龙。它们外
xíng yǔ sān jiǎo lóng xiāng sì dàn
形与三角龙相似，但
tǐ xíng jiào xiǎo jǐng dùn bǐ
体形较小，颈盾比
sān jiǎo lóng gèng huá lì
三角龙更华丽。

你知道吗？

开角龙的颈盾上有巨大的开口，是空心的，不够坚固，主要作用可能是威吓敌人或吸引异性。

戟龙
jǐ lóng

jǐ lóng shì bái è jì wǎn qī de zhí shí xìng kǒng lóng tǐ cháng yuē
戟龙是白垩纪晚期的植食性恐龙，体长约
mǐ tǐ zhòng yuē dūn tā men zhǎng yǒu jù dà de jǐng dùn biān
5.5 米，体重约 3 吨。它们长有巨大的颈盾，边
yuán hái yǒu yī quān dà xiǎo bù yī de cháng jiǎo jiù xiàng gǔ dài zhàn shì yòng
缘还有一圈大小不一的长角，就像古代战士用
de jǐ yī yàng yīn cǐ dé míng jǐ lóng
的戟一样，因此得名戟龙。

你知道吗？

戟龙会和其他角龙类恐龙居住在一起，还会和它们一同迁徙。

49

1985 年，有人在加拿大的"恐龙之乡"阿尔伯塔省的一个地方发现了数百只不同年龄段的尖角龙化石埋在一起，这可能是一群过河的尖角龙因突发的洪水而在此遇难留下的。

尖角龙是白垩纪晚期的植食性恐龙，体长约6~8米，体重约3~4吨。它们的鼻子上方长有一个长角，可以用来防御掠食者，脖子上方的骨质颈盾则是身份和地位的象征。

jiān jiǎo lóng

尖角龙

厚鼻龙
hòu bí lóng

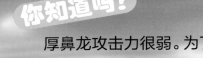 你知道吗？

厚鼻龙攻击力很弱。为了生存，它们过着群居生活，还有每年迁徙的习性。

厚鼻龙是白垩纪晚期的植食性恐龙，体长约 5.5~6 米，体重约 4 吨，因鼻子上方有一层突起物得名。它们有硕大的颈盾，周围长着锋利的小角。

奔山龙
bēn shān lóng

奔山龙是白垩纪晚期的杂食性恐龙，体长约 2.5 米，体重约 68 千克。它们的脑袋很小，颧骨有隆起，嘴巴呈尖锐的喙状，可以靠两足行走和奔跑。

你知道吗？

科学家们推测，奔山龙属于穴居动物，可能会通过挖洞穴来养育后代。

慢龙 màn lóng

慢龙体长6~7米，是白垩纪晚期的大型恐龙。它们短小的前肢长有3根弯钩状的爪子，后肢较长，可能还长着足蹼，身上兼具植食性和肉食性恐龙的特征。

恐手龙 kǒng shǒu lóng

恐手龙是白垩纪晚期的杂食性恐龙，体长约12米，体重约9吨。它们的脑袋很小，长有一张没有牙齿的喙状嘴，靠吞咽石头来帮助消化食物，尾巴长且灵活。

你知道吗？

恐手龙有巨大的前肢，前肢每个指头都有锋利的弯钩状指甲，长度可达25厘米。

鸭嘴龙
yā zuǐ lóng

你知道吗？

在中国曾发现不少鸭嘴龙蛋化石，这些遗迹主要分布在南方盆地。

鸭嘴龙是白垩纪晚期相当繁盛的植食性恐龙，体长约7~10米，体重约4吨。它们的头像鸭头，扁而宽的嘴巴上长有角质的喙，牙齿数量可达上千颗。

guān lóng
冠　龙

你知道吗?

1912 年,第一具冠龙化石被发现于加拿大红鹿河谷附近,它由完整的冠龙骨骼化石和皮肤化石组成。

guān lóng shēng huó zài bái è jì wǎn qī　tǐ cháng yuē
冠龙生活在白垩纪晚期,体长约 10
mǐ　　tǐ zhòng yuē dūn　yīn tóu dǐng yǒu yī gè xíng sì jī
米,体重约 3 吨,因头顶有一个形似鸡
guān de guān shì ér dé míng　tā men yǒu zhe biǎn cháng de huì zhuàng
冠的冠饰而得名。它们有着扁长的喙状
zuǐ　qián duān méi yǒu yá chǐ　hòu duān de yá chǐ chéng pái
嘴,前端没有牙齿,后端的牙齿成排,
zhǔ yào yǐ shù yè wéi shí
主要以树叶为食。

yà guān lóng
亚冠龙

亚冠龙是白垩纪晚期的植食性恐龙，体长约9米，会以双足或四足行走。它们的头顶长有空心冠饰，能用来吸引异性，还能发出鸣声来交流信息。

你知道吗？

亚冠龙嘴里有上百颗备用牙齿，这些牙齿会不断替换帮它们完成咀嚼动作，只有很少的牙齿会被持续使用。

duǎn guān lóng
短冠龙

短冠龙是生活在白垩纪晚期的植食性恐龙，成年体长约9米，体重约4吨。它们的头顶长有骨冠，大小各不相同，有的骨冠宽大，有的骨冠短而狭窄。

你知道吗？

短冠龙前肢细长，后肢发达，奔跑速度能达到每小时30~45千米，与马相当。

赖氏龙

赖氏龙体长约9米，是白垩纪晚期的植食性恐龙。头顶的斧头状冠饰是它们独有的特征。和冠龙的冠饰不同，赖氏龙的冠饰明显向前倾斜。

埃德蒙顿龙

埃德蒙顿龙是白垩纪晚期的植食性恐龙，成年体长约13米，体重约4吨。它们的头部侧面呈三角形，没有头冠也没有角。

你知道吗？

埃德蒙顿龙的鼻子上方长有"鼻囊"，可以发出响亮的声音来威吓敌人，还可以用来召唤同伴或小恐龙。

zhì lóng
栉龙

你知道吗?

栉龙的化石主要出土于加拿大的马蹄铁峡谷组和蒙古国的耐梅盖特组。图为蒙古国的耐梅盖特组。

zhì lóng shì bái è jì wǎn qī de dà xíng zhí shí xìng kǒng lóng tǐ cháng yuē mǐ
栉龙是白垩纪晚期的大型植食性恐龙，体长约 9~10 米。
tā men de zuǐ ba biǎn ér kuān tóu shang de guān shì cóng yǎn bù xiàngshàngfāng qīng xié zhè gè guān
它们的嘴巴扁而宽，头上的冠饰从眼部向上方倾斜。这个冠
shì bù jǐn jù yǒu biàn bié xìng bié de zuò yòng hái néng fā chū jù dà de shēng yīn
饰不仅具有辨别性别的作用，还能发出巨大的声音。

fù zhì lóng
副栉龙

你知道吗？

副栉龙的冠饰能发声，还有辨别性别、调节体温的作用。图为美国菲尔德博物馆的短冠副栉龙骨架。

fù zhì lóng shì bái è jì wǎn qī de zhí shí
副栉龙是白垩纪晚期的植食

xìng kǒng lóng tǐ cháng yuē mǐ tǐ zhòng yuē
性恐龙，体长约10米，体重约5

dūn tā men de tóu shang yǒu yī gè xiàng hòu wān qū
吨。它们的头上有一个向后弯曲

de kōng xīn tóu guān cháng dù kě dá mǐ
的空心头冠，长度可达2米。

58

yuán zhì lóng
原栉龙

原栉龙生活在白垩纪晚期，以植物为食，体长约9米，其中头部长度就接近1米。它们头顶的冠饰比较矮小，呈三角形，没有冠龙等恐龙的冠饰显眼。

你知道吗？

原栉龙的嘴巴呈喙状，适合咬断树叶与树枝，嘴巴后段的数千颗牙齿则可以帮助它们磨碎植物。

xiān shǒu lóng
纤手龙

你知道吗？

纤手龙拥有长长的可折叠的手臂，像人类的手臂一样既能打开也能合拢。

纤手龙体长约2.9米，体重约50千克，是白垩纪晚期的杂食性恐龙，头顶长有又高又圆的头冠。它们的食物来源众多，小型的蜥蜴、哺乳动物、植物、蛋和昆虫都来者不拒。

慈母龙

cí mǔ lóng

cí mǔ lóng shì bái è jì wǎn qī de dà xíng zhí shí xìng kǒng
慈母龙是白垩纪晚期的大型植食性恐

lóng   tǐ cháng yuē   mǐ   tǐ zhòng yuē   dūn   xǐ huan
龙，体长约6~9米，体重约2~4吨，喜欢

qún jū shēng huó   tā men de zuǐ ba biǎn píng   qián duān méi yǒu yá
群居生活。它们的嘴巴扁平，前端没有牙

chǐ   yǎn jing shàng fāng zhǎng yǒu yòu xiǎo yòu jiān de guān shì
齿，眼睛上方长有又小又尖的冠饰。

你知道吗？

慈母龙会亲自挖土筑巢、孵蛋以及养育
后代，因此得名慈母龙。

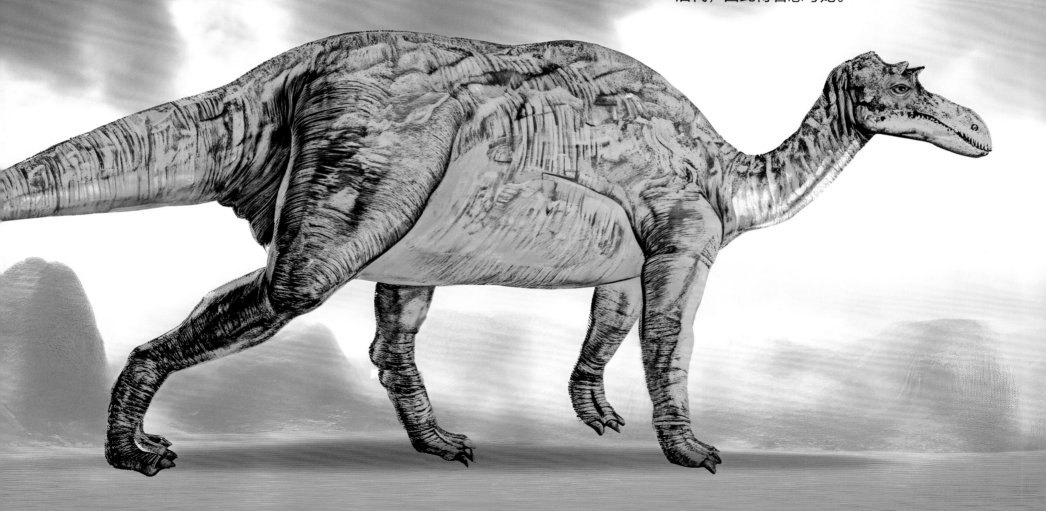

zhǒng tóu lóng shēng huó zài bái è jì wǎn qī　　　　tǐ cháng yuē　　mǐ　　tǐ zhòng yuē
肿头龙生活在白垩纪晚期，体长约5米，体重约1.5
dūn　　zhǔ yào yǐ shù yè hé guǒ shí wéi shí　　yě kě néng chī yī xiē xiǎo dòng wù　　tā men
吨，主要以树叶和果实为食，也可能吃一些小动物。它们
de tóu gài gǔ fēi cháng hòu　　zhǒng dà de tóu dǐng hǎo xiàng dài zhe tiān rán de　　tóu kuī
的头盖骨非常厚，肿大的头顶好像戴着天然的"头盔"。

zhǒng tóu lóng
肿头龙

你知道吗?

肿头龙是群居动物，为了争夺首领地位，雄性肿头龙之间经常发生争斗，它们会以撞击头部的方式分出胜负。

剑角龙

jiàn jiǎo lóng

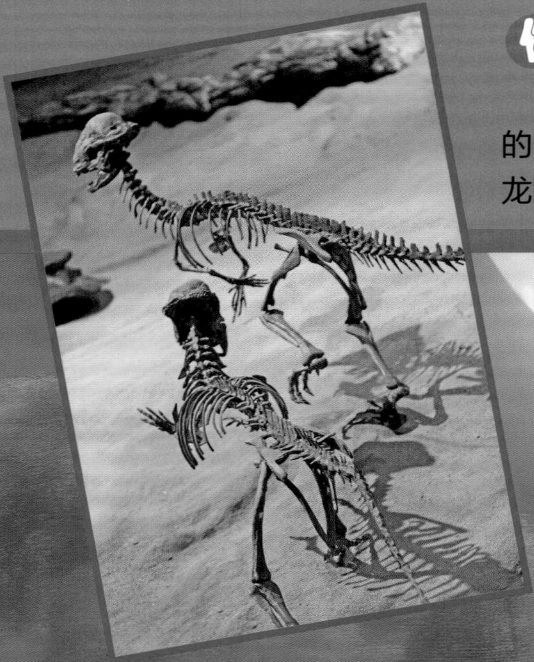

你知道吗?

剑角龙的头盖骨随着年龄的增长会越变越厚,雄性剑角龙的头盖骨比雌性的更厚一些。

剑角龙是白垩纪晚期的小型植食性恐龙,体长约2~3米,体重约40~80千克。它们的头盖骨又厚又圆,四周还分布着一圈小小的骨刺,是防御和攻击的有力武器。

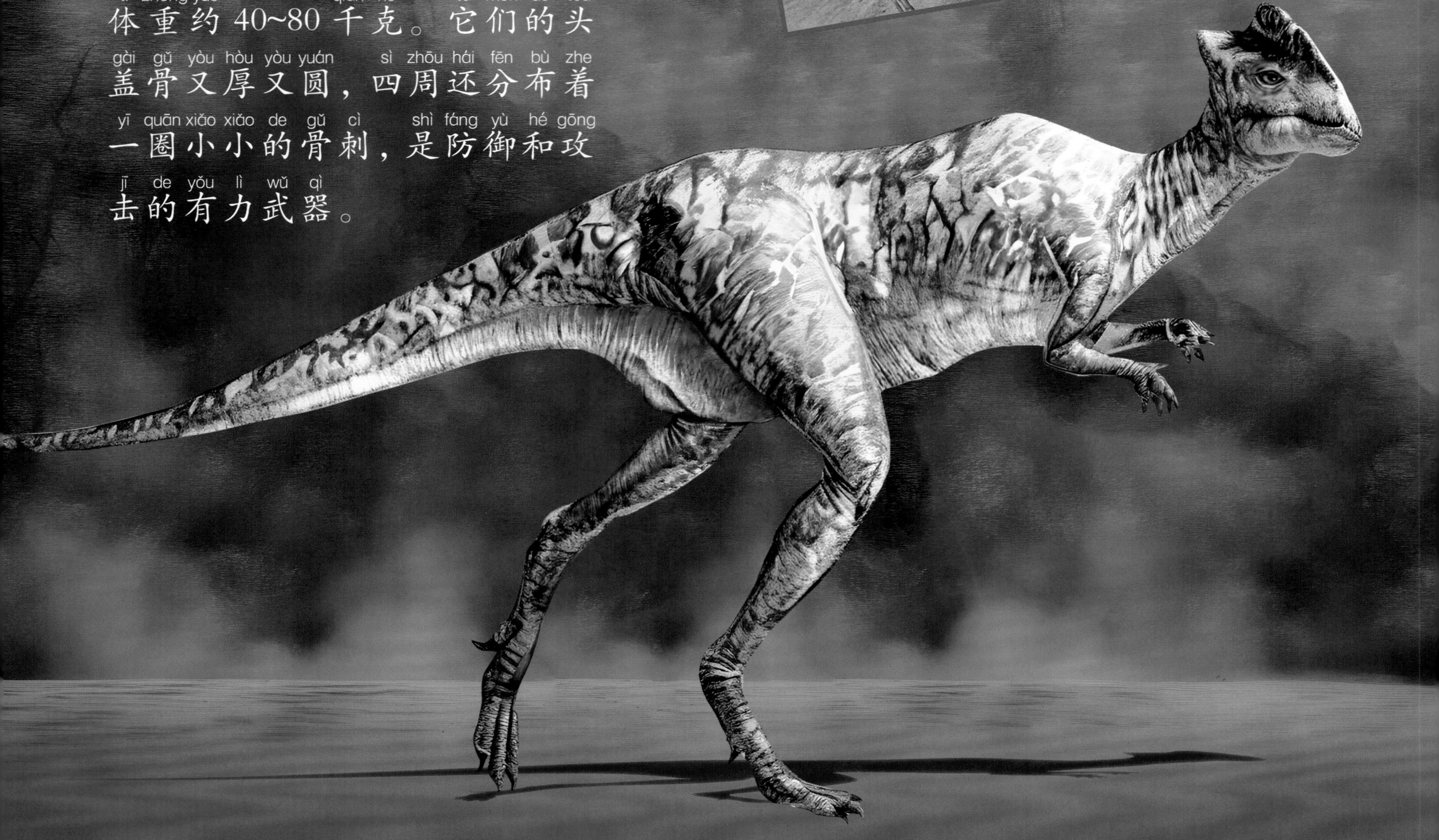

míng hé lóng
冥河龙

冥河龙是白垩纪晚期的植食
性恐龙，体长约 2~3 米，身高约
1 米。它们的头上分布着发达的
骨板和尖刺，面部狰狞可怕，被
称为"来自冥河的恶魔"。

shāng chǐ lóng
伤齿龙

你知道吗?

伤齿龙的脑容量很大，感官发
达，被认为是最聪明的恐龙。

伤齿龙生活在白垩纪晚期，体长约 2 米，体重约
50~60 千克，因为拥有极具杀伤力的锯齿状牙齿而得
名。它们主要以小型哺乳动物为食，也可能
吃一些植物。

似鸟龙
sì niǎo lóng

似鸟龙是白垩纪晚期的杂食性恐龙，体长约 2~4 米，体重约 20~30 千克。它们的外形接近鸵鸟等大型鸟类，后肢强劲有力，跑起来健步如飞。

你知道吗？

似鸟龙的奔跑时速约 43 千米，长长的尾巴可以帮助它们在奔跑过程中快速转变方向。

似鸸鹋龙
sì ér miáo lóng

似鸸鹋龙生活在白垩纪晚期，体长约 3.5 米，体重约 100~150 千克，以昆虫、蛋类和小型哺乳动物为食。它们的视力非常好，能在夜间捕猎。

你知道吗？

科学家们根据似鸸鹋龙足迹化石推测，它们的奔跑时速约为 65 千米，非常厉害。

阿尔伯塔龙
ā ěr bó tǎ lóng

你知道吗?

图为加拿大阿尔伯塔省的红鹿河。据说世界上超过一半的阿尔伯塔龙化石都是在这里被发现的。

阿尔伯塔龙是白垩纪晚期的肉食性恐龙,体长约6米,体重约2吨。它们是当时陆地上的顶级猎手,比大名鼎鼎的霸王龙更早称霸天下。

埃德蒙顿甲龙

埃德蒙顿甲龙是白垩纪晚期的植食性恐龙，体长约7米，体重约4吨。它们身上长有钉状和块状的盔甲，头部也有骨板保护，全副武装如装甲坦克。

你知道吗？

埃德蒙顿甲龙的腹部没有甲板，所以它们在遇袭时可能会趴在地上，以保护柔软的腹部。

绘龙

你知道吗？

绘龙过着群居生活，面对捕猎者时，会利用团体的力量来争取生存的机会。

绘龙生活在白垩纪晚期，体长约5米，以植物为食。它们身上披着骨质硬甲，尾巴末端长有骨锤，可以在遇到危险时作为武器防身。

bāo tóu lóng
包头龙

你知道吗？

包头龙的牙齿呈细叶状，它们不会咀嚼食物，只能把食物碾碎，依靠强大的胃来消化食物。

bāo tóu lóng shì bái è jì wǎn qī de zhí
包头龙是白垩纪晚期的植

shí xìng kǒng lóng tǐ cháng yuē mǐ tǐ zhòng yuē
食性恐龙，体长约6米，体重约3

dūn tā men shēn pī zhòng jiǎ lián yǎn jiǎn dōu fù gài zhe jiǎ
吨。它们身披重甲，连眼睑都覆盖着甲

piàn bèi bù yǒu jiān ruì de gǔ cì wěi ba mò duān hái zhǎng
片，背部有尖锐的骨刺，尾巴末端还长

yǒu shā shāng lì jí qiáng de chénzhòng wěi chuí
有杀伤力极强的沉重尾锤。

lián dāo lóng
镰刀龙

lián dāo lóngshēng huó zài bái è jì wǎn
镰刀龙生活在白垩纪晚

qī tǐ cháng yuē mǐ tǐ zhòng yuē
期，体长约8~11米，体重约

dūn zhǔ yào yǐ zhí wù hé kūn chóng
6~7吨，主要以植物和昆虫

wéi shí tā men de gè tóu er hěn gāo
为食。它们的个头儿很高，

qián zhī de zhuǎ zi cháng dù yuē mǐ xiàng
前肢的爪子长度约1米，像

yī bǎ chángcháng de lián dāo
一把长长的镰刀。

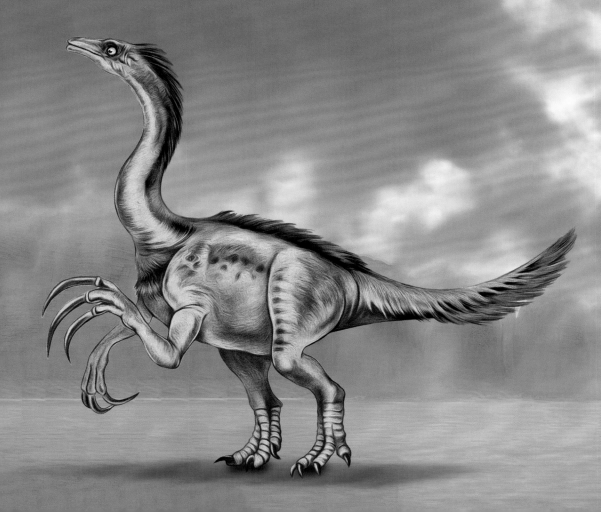

驰龙

chí lóng

chí lóng shì bái è jì wǎn qī de ròu shí xìng kǒng
驰龙是白垩纪晚期的肉食性恐

lóng   tǐ cháng yuē   mǐ   tǐ zhòng yuē   qiān
龙，体长约2米，体重约15~30千

kè   tā men zuǐ li de yá chǐ mì jí ér fēng lì
克。它们嘴里的牙齿密集而锋利，

hòu jiǎo dì èr zhǐ zhǎng yǒu wān qū de lián dāo zhuǎ
后脚第二趾长有弯曲的镰刀爪。

小贵族龙

xiǎo guì zú lóng

bái è jì wǎn qī de xiǎo guì zú lóng tǐ cháng yuē
白垩纪晚期的小贵族龙体长约

mǐ   tǐ zhòng yuē   dūn   tā men de zuǐ
9~10米，体重约2~3吨。它们的嘴

ba chéng huì zhuàng kě yǐ qiē duàn zhí wù de jīng
巴呈喙状，可以切断植物的茎

yè   miàn bù zhǎng yǒu jiá dài   yòng
叶，面部长有颊袋，用

lái chǔ cún shí wù
来储存食物。

68

shí ròu niú lóng
食肉牛龙

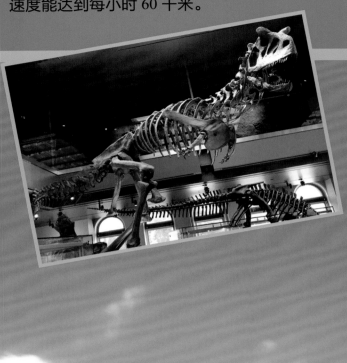

食肉牛龙生活在白垩纪晚期,体长约8
米,体重约3吨,因眼睛上方有一对儿像牛
角一样的骨质尖角而得名。

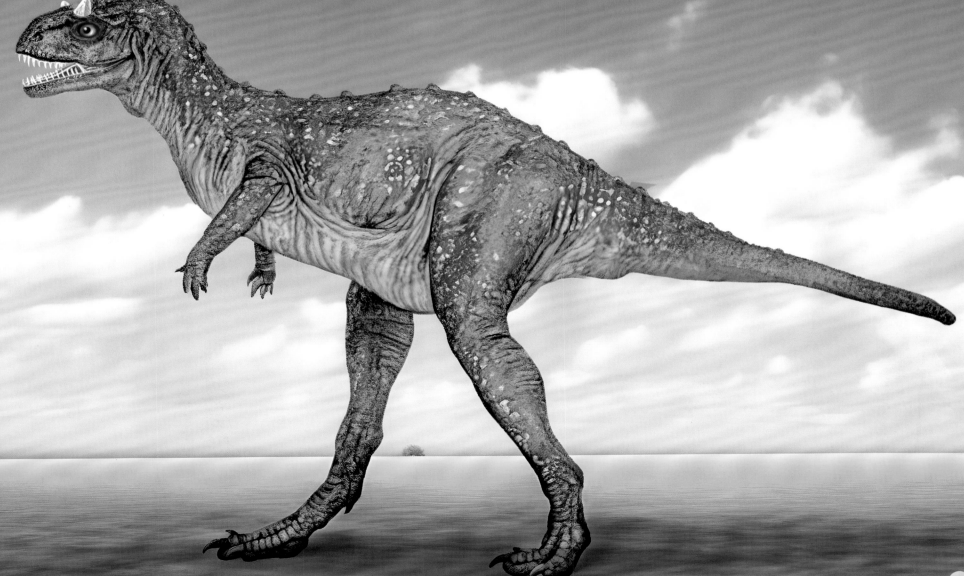

69

奇异龙
qí yì lóng

奇异龙生活在白垩纪晚期,体长约2.5~4米,体重约200~300千克,可能以植物为食,也可能属于杂食性恐龙,被认为是白垩纪到第三纪大灭绝事件前最后出现的恐龙之一。

萨尔塔龙
sà ěr tǎ lóng

白垩纪晚期,长脖子的植食性恐龙已经很少见,但萨尔塔龙是个例外。它们身上长着圆圆的骨甲,体长约12米,比一辆大型公交车还要长很多。

你知道吗?

萨尔塔龙大部分时间生活在陆地上,偶尔也会到水中嬉戏玩耍。